水环境监测实验

主　编　邹海明
副主编　程　靖　陈成侠　王开梅

合肥工业大学出版社

前　　言

　　水污染是环境污染的主要问题之一,通过水环境监测,可为水环境预测、评价和管理等提供依据。水环境监测主要包括污染源(生活污水、工业废水、医院污水、农田退水、初期雨水等)监测、地表水(江、河、湖、库等)监测和地下水监测。水环境监测能力是高等学校环境类专业需要掌握的主要技能之一,相关知识的理解和掌握可为后续水污染控制工程等课程的学习打下基础。

　　本书结合国家相关水环境监测方法标准,在多年水环境监测、评价、污染治理等教学研究与实践基础上编写而成。结合环境类专业人才培养方案、教学大纲和学校所在区域实际,《水环境监测实验》共选择18个具体实验项目和2个综合性实验,附录为术语和习题。大多数实验以模拟水样为研究对象,重点从为什么要做、怎样做出发,让学生了解和掌握相关监测指标的测定过程,并对照《地表水环境质量标准》《生活饮用水卫生标准》《农田灌溉水质标准》《污水综合排放标准》《城镇污水处理厂污染物排放标准》等相关现行标准,对实验结果进行分析,培养学生发现问题、分析问题和解决问题的能力。

　　书中实验一至实验十由安徽科技学院邹海明编写;实验十一至实验十八、附录一、附录二由程靖编写;实验十九由安徽珍昊环保科技有限公司陈成侠编写;实验二十由安徽凤阳富春紫光污水处理有限公司王开梅编写。全书由邹海明统稿。由于作者学识水平有限和经验不足,书中难免存在不妥之处,恳请读者批评指正。

编　者

2023 年 5 月

目　　录

实验一　水体中 pH 的测定 …………………………………………………………（001）

实验二　水体中色度的测定 …………………………………………………………（003）

实验三　水体中悬浮固体的测定 ……………………………………………………（005）

实验四　水体中浊度的测定 …………………………………………………………（007）

实验五　水体中酸度的测定 …………………………………………………………（009）

实验六　水体中碱度的测定 …………………………………………………………（012）

实验七　水体中氨氮的测定 …………………………………………………………（014）

实验八　水体中硝酸盐氮的测定 ……………………………………………………（016）

实验九　水体中亚硝酸氮的测定 ……………………………………………………（018）

实验十　水体中总磷的测定 …………………………………………………………（020）

实验十一　水体中氟化物的测定 ……………………………………………………（022）

实验十二　水体中硫化物的测定 ……………………………………………………（024）

实验十三　水体中六价铬的测定 ……………………………………………………（027）

实验十四　水体中高锰酸盐指数的测定 ……………………………………………（029）

实验十五　水体中化学需氧量的测定 ………………………………………………（031）

实验十六　水体中溶解氧的测定 ……………………………………………………（034）

实验十七　水体中五日生化需氧量的测定 …………………………………………（036）

实验十八　水体中叶绿素 a 的测定 …………………………………………………（039）

实验十九　某河流水质监测综合性实验 ……………………………………………（041）

实验二十　某污水处理厂水质监测综合性实验 ……………………………………（042）

附录一　水环境监测的基本术语 ……………………………………………………（043）

附录二　水环境监测实验习题 ………………………………………………………（046）

实验一　水体中 pH 的测定

一、实验目的

1. 了解水和废水中 pH 测定的意义；
2. 掌握水和废水中 pH 的测定方法——玻璃电极法；
3. 熟悉酸度计和电极的使用。

二、实验原理

pH 值由测量电池的电动势而得。该电池通常由参比电极（饱和甘汞电极）和氢离子指示电极（玻璃电极）组成。玻璃电极为指示电极，饱和甘汞电极为参比电极。溶液每变化 1 个 pH 单位，在同一温度下电位差的改变是常数，据此在仪器上直接以 pH 的读数表示。

三、实验器具和试剂

1. 酸度计。特点：精度为 0.01 个 pH 单位，具有温度补偿功能，pH 值测定范围为 0~14。

2. pH 玻璃电极。

3. 参比电极（饱和甘汞电极）。

4. 聚乙烯烧杯。

5. 磁力搅拌器。

6. pH 为 4.003（25 ℃）标准缓冲溶液：将邻苯二甲酸氢钾（$KHC_8H_4O_4$）在 110~120 ℃，烘 2 h 后干燥器中冷却，称取 5.10 g 邻苯二甲酸氢钾溶于蒸馏，转移至 500 mL，加水至标线，混匀，保存于聚乙烯瓶中。

7. pH 为 6.864（25 ℃）标准缓冲溶液：将磷酸二氢钾（KH_2PO_4）和磷酸氢二钠（Na_2HPO_4）在 110~120 ℃，烘 2 h 后干燥器中冷却，称取 3.40 g 磷酸二氢钾和 3.55 g 磷酸氢二钠溶于蒸馏水，转移至 1000 mL 容量瓶中，加水至标线，混匀，保存于聚乙烯瓶中。

8. pH 为 7.413（25 ℃）标准缓冲溶液：将磷酸二氢钾（KH_2PO_4）和磷酸氢二钠（Na_2HPO_4）在 110~120 ℃，烘 2 h 后干燥器中冷却，称取 1.18 g 磷酸二氢钾和 4.31 g 磷酸氢二钠，溶于蒸馏水，转移至 1000 mL 容量瓶中，加水至标线，混匀，保存于聚乙烯瓶中。

9. pH 为 9.182(25 ℃)标准缓冲溶液:将硼砂与饱和溴化钠溶液共同放置在干燥器中平衡两昼夜,称取 1.91 g 硼砂溶于刚煮沸冷却的蒸馏水,转移至 500 mL 容量瓶中,加水至标线,混匀,转移至聚乙烯瓶中,瓶口用石蜡熔封,有效期为三个月。

四、实验步骤

1. 电极活化:玻璃电极在蒸馏水中浸泡 24 h 以上。

2. 温度补偿:将标准缓冲溶液的温度调节至与样品的实际温度相一致,用温度计测量并记录温度。校准时,将酸度计的温度补偿旋钮调至该温度上。若带有自动温度补偿功能的仪器,无须将标准缓冲溶液与样品保持同一温度,按照仪器说明书进行操作。

3. 仪器校准:采用两点校准法,按照仪器说明书选择校准模式,先用中性(或弱酸、弱碱)标准缓冲溶液,再用酸性或碱性标准缓冲溶液校准。

4. 样品测定:将样品沿杯壁倒入烧杯中,立即将指示电极和参比电极浸入样品中,缓慢搅拌(避免产生气泡),待读数稳定后记下 pH 值(酸度计 1 min 内读数变化小于 0.05 个 pH 单位)。

五、实验结果与分析

1. 测定结果保留小数点后 1 位,并注明样品测定时的温度。

2. 当测量结果超出测量范围(0~14)时,以"强酸,超出测量范围"或"强碱,超出测量范围"报出。

3. 根据水样来源和功能,对照相关标准分析其水质状况。

六、思考题

1. 哪些行业会排出酸性污水或碱性污水?

2. 酸性污水或碱性污水未经处理排入水体会造成哪些危害?

3. 酸性污水或碱性污水的处理方法有哪些?

实验二　水体中色度的测定

一、实验目的

1. 了解水和废水中色度的测定意义；
2. 掌握水和废水中色度的测定方法——铂钴比色法、稀释倍数法；
3. 熟悉铂钴比色法和稀释倍数法的适用范围。

二、实验原理

1. 铂钴比色法：用氯铂酸钾与氯化钴配成标准色列，与水样进行目视比色。每升水中含有 1 mg 铂和 0.5 mg 钴时所具有的颜色，称为 1 度，作为标准色度单位。

2. 稀释倍数法：将有色工业废水用无色水稀释到接近无色时，记录稀释倍数，以此表示该水样的色度，并辅以用文字描述颜色性质，如深蓝色、棕黄色等。

三、实验器具与试剂

1. 50 mL 具塞比色管：其刻线高度应一致。

2. 铂钴标准溶液（色度为 500 度）：称取 1.246 g 氯铂酸钾（相当于 500 mg 铂）及 1.000 g 氯化钴（相当于 250 mg 钴），溶于 100 mL 水中，加 100 mL 盐酸，用水定容至 1000 mL。此溶液色度为 500 度，保存在密塞玻璃瓶中，存放暗处。

3. 铂钴标准溶液（色度为 500 度）：可用重铬酸钾代替氯铂酸钾，称取 0.0437 g 重铬酸钾和 1.000 g 硫酸钴，溶于少量水中，加入 0.50 mL 硫酸，用水稀释至 500 mL。此溶液的色度为 500 度，不宜久存。

四、实验步骤

1. 铂钴比色法

(1)水样用离心法或用孔径 0.45 μm 滤膜过滤以去除悬浮物（不能用滤纸过滤，因滤纸可吸附部分溶解于水的颜色）。

(2)标准色列的配制：取 13 支 50 mL 比色管，分别加入 0 mL、0.50 mL、1.00 mL、1.50 mL、2.00 mL、2.50 mL、3.00 mL、3.50 mL、4.00 mL、4.50 mL、5.00 mL、6.00 mL 及

7.00 mL 铂钴标准溶液,用水稀释至标线,混匀。各管的色度依次为 0、5、10、15、20、25、30、35、40、45、50、60 和 70 度。

(3)水样测定:取一定量的水样于 50.0 mL 比色管中,用水稀释至标线。将水样与标准色列进行目视比较。观察时,将比色管置于白瓷板或白纸上,使光线从管底部向上透过液柱,目光自管口垂直向下观察,记下与水样色度相同的铂钴标准色列的色度。

2. 稀释倍数法

(1)水样用离心法或用孔径 0.45 μm 滤膜过滤以去除悬浮物。

(2)取 100~150 mL 水样置于烧杯中,以白色瓷板或白纸为背景,观察并用文字描述其颜色。

(3)取 50 mL 稀释成不同倍数的水样于 50 mL 比色管中,将比色管置于白瓷板或白纸上,使光线从管底部向上透过液柱,目光自管口垂直向下观察,并与蒸馏水相比较,直至刚好看不出颜色,记录此时的稀释倍数。

五、实验结果与分析

1. 铂钴比色法:根据测定值乘以稀释倍数,即得到水样的色度值。

2. 稀释倍数法:记录稀释倍数,并用文字描述原始废水颜色。

3. 根据水样来源和功能,对照相关标准分析其水质状况。

六、思考题

1. 什么是表色? 什么是真色?

2. 哪些行业排出的废水有颜色,且色度较大?

3. 有色废水的处理方法有哪些?

实验三　水体中悬浮固体的测定

一、实验目的

1. 了解水和废水中悬浮固体测定的意义；
2. 掌握水和废水中悬浮固体的测定方法——重量法；
3. 熟悉悬浮固体测定的应用环境。

二、实验原理

悬浮固体（Suspended Solids，SS）是指不能通过孔径为 $0.45~\mu m$ 滤膜的固体物，用 $0.45~\mu m$ 滤膜过滤水样，经 $103\sim105~℃$ 烘至恒重的固体。将水样通过滤料后，烘干固体残留物及滤料，将所称重量减去滤料重量，即为悬浮固体（不可过滤残渣量）。

三、实验器具与试剂

1. 烘箱。
2. 分析天平。
3. 干燥器。
4. 孔径为 $0.45~\mu m$ 滤膜（直径 $45\sim60~mm$）及抽滤器（或中速定量滤纸）。
5. 玻璃漏斗。
6. 称量瓶（内径 $30\sim50~mm$）。

四、实验步骤

1. 滤膜称重：将滤膜放在称量瓶中，打开瓶盖，在 $103\sim105~℃$ 烘箱内烘干 $0.5~h$，取出，在干燥器内冷却后盖好瓶盖称重，直至恒重（两次称量相差不超过 $0.2~mg$）。

2. 水样过滤：量取适量混合均匀的水样（使悬浮物量在 $500\sim100~mg$），使其全部通过滤膜；用蒸馏水洗涤残渣 $3\sim5$ 次。

3. 烘干称重：将过滤后的滤膜放入称量瓶内，在 $103\sim105~℃$ 烘箱中，打开瓶盖烘 $1~h$，移入干燥器中冷却后盖好盖称重（反复烘干、冷却、称重，直至两次称量差 $\leqslant0.4~mg$ 为止）。

五、实验结果与分析

1. 悬浮固体含量计算：

$$悬浮固体(mg/L) = \frac{(A-B) \times 1000 \times 1000}{V} \tag{3-1}$$

式中：A——悬浮固体+滤膜及称量瓶重(g)；

B——滤膜及称量瓶重(g)；

V——水样体积(mL)。

2. 根据水样来源和功能，对照相关标准分析其水质状况。

六、思考题

1. 城镇污水处理厂出水悬浮固体不达标的原因有哪些？

2. 城镇污水处理厂如何降低出水中悬浮固体含量？

3. 总固体、溶解性固体、悬浮性固体及挥发性固体指标之间的相互关系是什么？

实验四　水体中浊度的测定

一、实验目的

1. 了解水和废水中浊度测定的意义；

2. 掌握水和废水中浊度的测定方法——目视比浊法；

3. 熟悉浊度测定的应用环境。

二、实验原理

将水样和硅藻土(或白陶土)配制的浊度标准液进行比较确定水样浊度。相当于 1 mg 一定粒度的硅藻土(白陶土)在 1000 mL 水中所产生的浊度,称为 1 度。

三、实验器具与试剂

1. 100 mL 具塞比色管。

2. 1 L 容量瓶。

3. 250 mL 具塞无色玻璃瓶。

4. 1 L 量筒。

5. 甲醛。

6. 浊度标准液(100 度):

(1)硅藻土过 0.1 mm 筛孔(150 目)的筛子。

(2)称取 10 g 过筛后的硅藻土于研钵中加入少许蒸馏水调成糊状并研细,移至 1000 mL 量筒中,加水至刻度。

(3)搅拌静置 24 h,将上层 800 mL 悬浮液虹吸至第二个 1000 mL 量筒中,加水至刻度。

(4)搅拌再静置 24 h,将上层 800 mL 悬浮液虹吸弃去。

(5)下部沉积物加水稀释至 1000 mL,充分搅拌后贮于具塞玻璃瓶中,作为浑浊度原液。

(6)取 50 mL 浑浊度原液置于已恒重的蒸发皿中,在水浴上蒸干。于 105 ℃烘箱内烘 2 h,置于干燥器中冷却 30 min,称重。重复以上操作,即烘 1 h,冷却,称重,直至恒重。求出每毫升悬浊液中含硅藻土的重量(mg)。

(7)取含 250 mg 硅藻土的悬浊液,置于 1000 mL 容量瓶中,加水至刻度,摇匀。此溶液浊度为 250 度。

（8）取浊度为 250 度的悬浊液 100 mL 置于 250 mL 容量瓶中，加入 10 mL 甲醛溶液用水稀释至标线，此溶液浊度为 100 度。

四、实验步骤

1. 低浊度标准系列配制：取 11 支 100 mL 比色管，分别加入浊度为 100 度的标准液 0 mL、1.0 mL、2.0 mL、3.0 mL、4.0 mL、5.0 mL、6.0 mL、7.0 mL、8.0 mL、9.0 mL 及 10.0 mL，加水稀释至标线，混匀。其浊度依次为 0、1.0、2.0、3.0、4.0、5.0、6.0、7.0、8.0、9.0、10.0 度的标准液，移入成套的 100 mL 具塞玻璃瓶中，密塞保存。

2. 高浊度标准系列配制：取 11 支 250 mL 的容量瓶，分别加入浊度为 250 度的标准液 0 mL、10 mL、20 mL、30 mL、40 mL、50 mL、60 mL、70 mL、80 mL、90 mL 及 100 mL，加水稀释至标线，混匀。其浊度依次为 0、10、20、30、40、50、60、70、80、90 和 100 度的标准液，移入成套的 250 mL 具塞玻璃瓶中，密塞保存。

3. 浊度低于 10 度的水样测定：取 100 mL 摇匀水样置于 100 mL 比色管中，在黑色底板上，由上往下垂直观察，并与低浊度标准系列进行比较。

4. 浊度为 10 度以上的水样测定：取 250 mL 摇匀水样置于 250 mL 具塞玻璃瓶中，瓶后放一有黑线的白纸作为判别标志，从前向后观察，根据目标清晰程度，选出与水样产生视觉效果相近的标准液，记下其浊度值。

5. 水样浊度超过 100 度时，用水稀释后测定。

五、实验结果与分析

1. 水样浊度记录：观察出的浊度值乘以稀释倍数。

2. 根据水样来源和功能，对照相关标准分析其水质状况。

六、思考题

1. 浊度、色度和透明度之间的关系如何？

2. 高浊度废水的处理方法有哪些？

3. 循环水系统中浊度升高的原因有哪些？有哪些处理措施？

实验五　水体中酸度的测定

一、实验目的

1. 了解水和废水中酸度测定的意义；

2. 掌握水和废水中酸度的测定方法——酸碱指示剂滴定法；

3. 熟悉滴定操作。

二、实验原理

在水中，无机酸类、硫酸亚铁、硫酸铝等溶质的解离或水解而产生氢离子，这些氢离子与碱标准溶液作用至一定 pH 值所消耗的量，称为酸度。酸度数值的大小与所用指示剂指示终点 pH 值的不同有关。滴定终点的 pH 值有 8.3 和 3.7 两种。用氢氧化钠溶液滴定到 pH 为 8.3，以酚酞作指示剂，称为"酚酞酸度"，又称总酸度（包括强酸和弱酸）。用氢氧化钠溶液滴定到 pH 为 3.7，以甲基橙为指示剂，称为甲基橙酸度（代表一些强酸）。

三、实验器具与试剂

1. 50 mL 碱式滴定管。

2. 250 mL 锥形瓶。

3. 铁架台。

4. 无二氧化碳水：将蒸馏水（pH 值不低于 6.0）煮沸 15 min，加盖冷却至室温。

5. 氢氧化钠标准溶液（0.1 mol/L）：称 60 g 氢氧化钠溶于 50 mL 水中，转入 150 mL 的聚乙烯瓶中，放置冷却，用橡皮塞（装有碱石灰管）塞紧，静置 24 h 以上。取 7.5 mL 上清液于 1000 mL 容量瓶中，用无二氧化碳水稀释至标线，混匀，转入聚乙烯瓶中贮存。

6. 氢氧化钠标准溶液（0.02 mol/L）：取一定体积的氢氧化钠标准溶液（0.1 mol/L，已标定），用无二氧化碳水稀释至 0.02 mol/L，转入聚乙烯瓶中贮存。

7. 酚酞指示剂：取 0.5 g 酚酞，溶于 50 mL 95％乙醇中，用水稀释至 100 mL。

8. 甲基橙指示剂：取 0.05 g 甲基橙，溶于 100 mL 水中。

9. 硫代硫酸钠标准溶液（0.1 mol/L）：取 2.5 g 硫代硫酸钠溶于水中，用无二氧化碳水稀释至 100 mL。

四、实验步骤

1. 氢氧化钠标准溶液标定：将基准试剂级邻苯二甲酸氢钾在 105～110 ℃下干燥 2 h，取 0.5 g 邻苯二甲酸氢钾置于 250 mL 锥形瓶中，加入 100 mL 无二氧化碳水，溶解后加入 4 滴酚酞指示剂，用待标定的氢氧化钠标准溶液滴定至浅红色（终点）。用无二氧化碳水做空白滴定。

2. 水样测定（甲基橙酸度）：取一定量水样置于 250 mL 锥形瓶（瓶底垫一张白纸）中，用无二氧化碳水稀释至 100 mL，加入 2 滴甲基橙指示剂，用氢氧化钠标准溶液滴定至溶液由橙红色变为橘黄色（终点），记录氢氧化钠标准溶液用量 V_1。

3. 水样测定（酚酞酸度）：取一定量水样置于 250 mL 锥形瓶中，用无二氧化碳水稀释至 100 mL，加入 4 滴酚酞指示剂，用氢氧化钠标准溶液滴定至溶液刚变为浅红色（终点），记录氢氧化钠标准溶液用量 V_2。

五、实验结果与分析

1. 氢氧化钠标准溶液标定浓度计算：

$$氢氧化钠标准溶液浓度(mol/L)=\frac{m\times1000}{(V_1-V_0)\times204.23} \tag{5-1}$$

式中：m——邻苯二甲酸氢钾的质量，g；

V_1——氢氧化钠溶液的用量，mL；

V_0——空白试验氢氧化钠溶液的用量，mL；

204.23——邻苯二甲酸氢钾的摩尔质量，g/moL。

2. 甲基橙酸度和酚酞酸度的计算：

$$甲基橙酸度(CaCO_3,mg/L)=\frac{M\times V_1\times50.05\times1000}{V} \tag{5-2}$$

$$酚酞酸度(CaCO_3,mg/L)=\frac{M\times V_2\times50.05\times1000}{V} \tag{5-3}$$

式中：M——氢氧化钠标准溶液浓度（mol/L）

V_1——甲基橙作指示剂，氢氧化钠标准溶液的用量（mL）；

V_2——酚酞作指示剂，氢氧化钠标准溶液的用量（mL）；

V——水样体积（mL）；

50.05——碳酸钙（1/2CaCO_3）摩尔质量（g/mol）。

3. 根据水样来源和功能，对照相关标准分析其水质状况。

六、思考题

1. 酸度与 pH 的关系。
2. 列举酸性废水与烟道气中和处理案例。
3. 矿山酸性废水处理与回用技术有哪些?

实验六　水体中碱度的测定

一、实验目的

1. 了解水和废水中碱度测定的意义；
2. 掌握水和废水中碱度的测定方法——酸碱指示剂滴定法；
3. 熟悉滴定操作。

二、实验原理

用标准浓度的酸溶液滴定水样，用酚酞和甲基橙做指示剂，根据指示剂颜色的变化判断终点。根据滴定水样所消耗的标准浓度的酸的用量，即可计算出水样的碱度。

当滴定至酚酞指示剂由红色变为无色时，溶液 pH 值为 8.3（表示水中 OH^- 已被中和，CO_3^{2-} 转化为 HCO_3^-）；当滴定至甲基橙指示剂由橘黄色变成橘红色时，溶液 pH 值为 4.4～4.5（表示水中 HCO_3^- 已被中和）。根据上面两个终点达到时所消耗的盐酸标准滴定溶液的量，可计算出水中碳酸盐、重碳酸盐和总碱度。

三、实验器具与试剂

1. 25 mL 酸式滴定管。
2. 250 mL 锥形瓶。
3. 无二氧化碳水：将蒸馏水（pH 值不低于 6.0）煮沸 15 min，加盖冷却至室温。
4. 酚酞指示剂：取 0.5 g 酚酞溶于 50 mL 95％乙醇中，用水稀释至 100 mL。
5. 甲基橙指示剂：取 0.05 g 甲基橙溶于 100 mL 水中。
6. 碳酸钠标准溶液（0.025 mol/L）：将无水碳酸钠于 250 ℃烘 4 h，取 1.3249 g 无水碳酸钠，溶于无二氧化碳水中，转移至 1000 mL 容量瓶中，用水稀释至标线，摇匀，贮于聚乙烯瓶（保存时间不超过一周）。
7. 盐酸标准溶液（0.025 mol/L）：取 2.1 mL 浓盐酸（$\rho = 1.19$ g/mL），并用水稀释至 1000 mL，此溶液浓度约为 0.025 mol/L，准确浓度需要标定。

四、实验步骤

1. 盐酸标准溶液标定：取 25 mL 碳酸钠标准溶液于 250 mL 锥形瓶中，加无二氧化碳水稀释至 100 mL,加入 3 滴甲基橙指示剂,用盐酸标准溶液滴定至由橘黄色刚变为橘红色,记录盐酸标准溶液的用量。

2. 取 100 mL 水样于 250 mL 锥形瓶中,加入 4 滴酚酞指示剂,摇匀。当溶液呈红色时,用盐酸标准溶液滴定至刚褪至无色为止,记录盐酸标准溶液的用量(若加入酚酞指示剂后溶液无色,则不需要用盐酸标准溶液滴定)。

3. 向上述锥形瓶中加入 3 滴甲基橙指示剂,摇匀。用盐酸标准溶液滴定至溶液由橘黄色刚变为橘红色为止,记录盐酸标准溶液的用量。

五、实验结果与分析

1. 盐酸标准溶液标定浓度计算:

$$盐酸标准溶液标定浓度=\frac{25\times0.025}{V} \tag{6-1}$$

式中:V——盐酸标准溶液用量(mL)。

2. 水样中总碱度的计算:

$$总碱度(以\ CaO\ 计,mg/L)=\frac{C\times(P+M)\times28.04}{V}\times1000 \tag{6-2}$$

$$总碱度(以\ CaCO_3\ 计,mg/L)=\frac{C\times(P+M)\times50.05}{V}\times1000 \tag{6-3}$$

式中:C——盐酸标准溶液标定的浓度(mol/L);

P——水样加酚酞指示剂滴定到红色退去盐酸标准溶液用量(mL);

M——水样加酚酞指示剂滴定到红色退去后,接着加甲基橙滴定到变色时盐酸标准溶液用量(mL);

V——水样体积(mL);

28.04——氧化钙($1/2CaO$)摩尔质量(g/moL);

50.05——碳酸钙($1/2CaCO_3$)摩尔质量(g/moL)。

六、思考题

1. 碱度与 pH 的关系。

2. 碱性废水回收技术有哪些?

3. 碱性废渣如何处理?

实验七 水体中氨氮的测定

一、实验目的

1. 了解水和废水中氨氮的测定意义；
2. 掌握水和废水中氨氮的测定方法——纳氏试剂比色法；
3. 熟悉分光光度计的使用方法。

二、实验原理

碘化汞和碘化钾的碱性溶液与氨反应生成淡红棕色胶态化合物，其色度与氨氮含量成正比，通常可在波长 410～425 nm 范围内测其吸光度，计算其含量。本法检出浓度范围为 0.025～2 mg/L（分光光度法）。

三、实验器具与试剂

1. 分光光度计。

2. 无氨水：每升蒸馏水中加 0.1 mL 硫酸，在全玻璃蒸馏器中重蒸馏，弃去 50 mL 初馏液，接取其余馏出液于具塞磨口的玻璃瓶中，密塞保存。

3. 纳氏试剂（配制方法一）：称取 16 g 氢氧化钠，溶于 50 mL 水中，充分冷却至室温。另称取 7 g 碘化钾和 10 g 碘化汞溶于水，然后将此溶液在搅拌下慢慢注入氢氧化钠溶液中，用水稀释至 100 mL，贮于聚乙烯瓶中，密塞保存。

4. 纳氏试剂（配置方法二）：称取 20 g 碘化钾溶于约 100 mL 水中，边搅拌边分次少量加入氯化汞结晶粉末（约 10 g），至出现朱红色沉淀不易溶解时，改为滴加饱和氯化汞溶液，并充分搅拌。当出现微量朱红色沉淀不易溶解时，停止滴加氯化汞溶液。

另称取 60 g 氢氧化钾溶于水，并稀释至 250 mL，充分冷却至室温后，将上述溶液在搅拌下，徐徐注入氢氧化钾溶液中，用水稀释至 400 mL，混匀。静置过夜。将上清液移入聚乙烯瓶中，密塞保存备用。

5. 酒石酸钾钠溶液：称取 50 g 酒石酸钾钠（$KNaC_4H_4O_6 \cdot 4H_2O$）溶于 100 mL 水中，加热煮沸以除去氨，放冷，定容至 100 mL。

6. 氨氮标准贮备溶液（1000 mg/L）：称取 3.819 g 经 100 ℃ 干燥过的优级纯氯化铵

(NH_4Cl)溶于水中,移入 1000 mL 容量瓶中,稀释至标线。

7. 氨氮标准使用溶液(10 mg/L):移取 5.00 mL 氨氮标准贮备液于 500 mL 中,用水稀释至标线。

四、实验步骤

1. 标准曲线绘制:取 7 支 50 mL 比色管,分别加入 0 mL、0.50 mL、1.00 mL、3.00 mL、5.00 mL、7.00 mL 和 10.0 mL 氨氮标准使用液,加水至标线,加 1.0 mL 酒石酸钾钠溶液,混匀。加 1.5 mL 纳氏试剂,混匀。放置 10 min 后,在波长 420 nm 处,用光程 1 cm 比色皿,以水为参比,测定吸光度。由测得的吸光度,减去零浓度空白管的吸光度后,得到校正吸光度,绘制以氨氮含量(mg)对校正吸光度的标准曲线。

2. 水样测定:取一定量的氨氮废水(氨氮含量不超过 0.1 mg)于 50 mL 比色管中,加水稀释至标线,加 1.0 mL 酒石酸钾钠溶液,混匀。加 1.5 mL 纳氏试剂,混匀。放置 10 min 后,在波长 420 nm 处,用光程 10 mm 比色皿,以水为参比,测定吸光度。

五、实验结果与分析

1. 回归曲线模拟:根据标准曲线结果,拟合吸光度与氨氮含量的线性回归方程,并计算相关系数 R^2。

2. 水样氨氮含量计算:将水样测定代入吸光度与浓度的线性回归方程中,计算出氨氮含量,再除以水样体积即得出水样中的氨氮浓度。

3. 根据水样来源和功能,对照相关标准分析其水质状况。

六、思考题

1. 有哪些行业排出氨氮废水?

2. 氨氮废水的处理方法有哪些?

3. 水体中氨氮浓度过高有哪些危害?

4. 水体中总氮、凯氏氮、氨氮的关系。

实验八　水体中硝酸盐氮的测定

一、实验目的

1. 了解水和废水中硝酸盐氮测定的意义；
2. 掌握水和废水中硝酸盐氮的测定方法——紫外分光光度法；
3. 熟悉紫外分光光度计的使用。

二、实验原理

利用硝酸根离子在 220 nm 波长处的吸收而定量测定硝酸盐氮。溶解的有机物在 220 nm 处也会有吸收，而硝酸根离子在 275 nm 处没有吸收。因此，在 275 nm 处做另一次测量，以校正硝酸盐氮值。本方法测定硝酸盐氮浓度范围为 0.08～4 mg/L。

三、实验器具与试剂

1. 紫外分光光度计。
2. 硝酸盐氮标准贮备液（0.1 mg/mL 硝酸盐氮）：将优级纯硝酸钾（KNO_3）在 105～110 ℃干燥 2 h，取 0.722 g 硝酸钾溶于水，移入 1000 ml 容量瓶中，稀释至标线，加 2 ml 三氯甲烷作保存剂，混匀，至少可稳定 6 个月。
3. 氨基磺酸溶液（0.8%）：避光保存于冰箱中。

四、实验步骤

1. 校准曲线的绘制：取 5 个 200 mL 容量瓶，分别加入 0.50 mL、1.00 mL、2.00 mL、3.00 mL、4.00 mL 的硝酸盐氮标准贮备液，用新鲜去离子水稀释至标线，其质量浓度分别为 0.25 mg/L、0.50 mg/L、1.00 mg/L、1.50 mg/L、2.00 mg/L 硝酸盐氮。用光程长 1 cm 的石英比色皿，在 220 nm 和 275 nm 波长处，以去离子水为参比，测量吸光度。
2. 水样测定：取一定量水样，加水稀释至标线，按标准曲线相同操作步骤测量吸光度。

五、实验结果与分析

1. 吸光度校正值计算：$A_{校} = A_{220} - 2A_{275}$。

2. 回归曲线模拟:根据标准曲线结果,拟合吸光度与浓度的线性回归方程,并计算相关系数 R^2。

3. 水样硝酸盐氮浓度计算:将水样 $A_校$ 代入吸光度与浓度的线性回归方程中,计算出硝酸盐氮浓度,再乘以稀释倍数即得出水样中硝酸盐氮含量。

4. 根据水样来源和功能,对照相关标准分析其水质状况。

六、思考题

1. 地表水和地下水中硝酸盐氮的来源有哪些?

2. 含硝酸盐氮的污水处理方法有哪些?

实验九　水体中亚硝酸氮的测定

一、实验目的

1. 了解水和废水中亚硝酸盐氮测定的意义；
2. 掌握水和废水中亚硝酸盐氮的测定方法——分光光度法；
3. 熟悉分光光度计的使用。

二、实验原理

在磷酸介质中，pH 值为 1.8±0.3 时，亚硝酸盐与对-氨基苯磺酰胺反应，生成重氮盐，再与 N-(1-萘基)-乙二胺偶联生成红色染料。在 540 nm 波长处有最大吸收。本方法亚硝酸盐浓度测定范围 0.003～0.20 mg/L。

三、实验器具与试剂

1. 分光光度计。

2. 亚硝酸盐氮标准贮备液(0.25 g/L)：取 1.232 g 亚硝酸钠溶于 150 mL 水中，移至 1000 mL 容量瓶中，稀释至标线，存于棕色试剂瓶中，加入 1 mL 三氯甲烷，保存在 2～5 ℃，可稳定一个月。

3. 亚硝酸盐氮标准中间液(50 mg/L)：取 50.00 mL 亚硝酸盐氮标准贮备液置于 250 mL 容量瓶中，稀释至标线，存于棕色试剂瓶中，保存在 2～5 ℃，可稳定一周。

4. 亚硝酸盐氮标准使用液(1 mg/L)：取 10.00 mL 亚硝酸盐氮标准中间液，置于 500 mL 容量瓶中，稀释至标线，使用时配制。

5. 显色剂：在 500 mL 烧杯中，加 250 mL 水和 50 mL 磷酸，加 20.0 g 对-氨基苯磺酰胺，再加 1.00 g N-(1-萘基)-乙二胺二盐酸盐($C_{10}H_7NHC_2H_4NH_2 \cdot 2HCl$)，溶解后转移至 500 mL 容量瓶中，用水稀释至标线，存于棕色试剂瓶中，保存在 2～5 ℃，可稳定一个月。

四、实验步骤

1. 标准曲线的绘制：取 6 支 50 mL 比色管，分别加入 0 mL、1.00 mL、3.00 mL、5.00 mL、7.00 mL 和 10.0 mL 亚硝酸盐氮标准使用液，用水稀释至标线，加入 1.0 mL 显色剂,混匀,静置 20 min 后,于波长 540 nm 处,以水为参比,测定吸光度。减去零浓度的吸光度后,绘制亚硝酸盐氮含量与吸光度的标准曲线。

2. 水样的测定:取一定量的水样于 50 mL 比色管中,用水稀释至标线,加入 1.0 mL 显色剂,混匀,静置 20 min 后,于波长 540 nm 处,以水为参比,测定吸光度。

五、实验结果与分析

1. 回归曲线模拟:根据标准曲线结果,拟合亚硝酸盐氮含量与吸光度的线性回归方程,并计算相关系数 R^2。

2. 水样中亚硝酸盐浓度的计算:水样吸光度减去零浓度的吸光度后,代入亚硝酸盐氮含量与吸光度的线性回归方程,计算出亚硝酸盐氮含量,再除以水样体积,即可得到水样中亚硝酸盐浓度。

3. 根据水样来源和功能,对照相关标准分析其水质状况。

六、思考题

1. 亚硝酸盐氮的主要危害有哪些?
2. 含亚硝酸盐氮的污水处理方法有哪些?

实验十　水体中总磷的测定

一、实验目的

1. 了解水和废水总磷测定的意义；

2. 掌握水和废水中总磷的测定方法——分光光度法；

3. 熟悉分光光度计的使用。

二、实验原理

在酸性条件下，正磷酸盐与钼酸铵、酒石酸锑氧钾反应，生成磷钼杂多酸，被还原剂抗坏血酸还原，则变成蓝色络合物，通常即称磷钼蓝。本方法磷测定浓度范围为 0.01～0.6 mg/L。水样经过 0.45 μm 微孔滤膜过滤，滤液直接测定得出正磷酸酸盐(可溶性)，滤液经过强氧化剂的氧化分解，测得总磷(可溶性)。

三、实验器具与试剂

1. 分光光度计。

2. 硫酸(1+1)。

3. 抗血酸溶液(10%)：取 10 g 抗坏血酸于水中并稀释至 100 ml。该溶液贮存在棕色玻璃瓶中，存于 4 ℃可稳定数周，如颜色变黄，则弃去重配。

4. 钼酸盐溶液：取 13 g 钼酸铵[$(NH_4)_6Mo_7O_{24} \cdot 4H_2O$]于 100 mL 水中，取 0.35 g 酒石酸锑氧钾于 100 mL 水中。在不断搅拌下把钼酸铵溶液加入 300 mL 硫酸(1+1)中，加入酒石酸锑氧钾溶液并混合均匀，置于棕色的试剂瓶中，存于 4 ℃，可稳定两个月。

5. 浊度-色度补偿液：将 1 份体积的 10%抗坏血酸溶液和 2 份体积的硫酸(1+1)混合，使用时配制。

6. 磷酸盐标准贮备溶液(50 mg/L，以 P 计)：将优级纯磷酸二氢钾于 100 ℃干燥 2 h，冷却后称取 0.2197 g 溶于水，移入 1000 mL 容量瓶中，加入 5 mL 硫酸(1+1)，用水稀释至标线。

7. 磷酸盐标准溶液(2.00 mg/L，以 P 计)：取 10.00 mL 磷酸盐标准贮备溶液于 250 mL 容量瓶中，用水稀释至标线，使用时配制。

四、实验步骤

1. 水样消解：取 25 mL 水样（含磷量超过 30 μg 需要稀释）于 50 mL 具塞刻度管中，加过硫酸钾溶液 4 mL，加塞后管口包一小块纱布并用线扎紧（以免加热时玻璃塞冲出），置于高压蒸汽消毒器或压力锅加热，待锅内压力达 1.1 kg/cm² （相应温度为 120℃）时保持 30 min，停止加热，待压力表指针降至零后，取出冷却。试剂空白和标准曲线系列也经同样的消解操作。

2. 标准曲线绘制：取 7 支 50 mL 具塞比色管，分别加入磷酸盐标准使用液 0 mL、0.50 mL、1.00 mL、3.00 mL、5.00 mL、10.0 mL、15.0 mL，用水稀释至标线，加 1 mL 抗坏血酸溶液（10%），混匀 30 s 后，加 2 mL 钼酸盐溶液充分混匀，放置 15 min。用 1 cm 比色皿，于 700 nm 波长处，以零浓度溶液为参比，测量吸光度，绘制磷含量与吸光度的标准曲线。

3. 水样测定：取一定量经过消解的水样（含磷量低于 30 μg）于 50 mL 比色管中，用水稀释至标线，加 1 mL 抗坏血酸溶液（10%），混匀 30 s 后，加 2 mL 钼酸盐溶液充分混匀，放置 15 min。用 1 cm 比色皿，于 700 nm 波长处，以零浓度溶液为参比，测量吸光度。

五、实验结果与分析

1. 回归曲线模拟：根据标准曲线结果，拟合磷含量与吸光度的线性回归方程，并计算相关系数 R^2。

2. 水样中磷浓度的计算：水样吸光度代入磷含量与吸光度的线性回归方程，计算出水样中磷含量，再除以水样体积，即可得到水样中的磷浓度。

3. 根据水样来源和功能，对照相关标准分析其水质状况。

六、思考题

1. 湖泊、水库等缓流水体富营养化的产生原因是什么？

2. 含磷污水的处理方法有哪些？

3. 生活污水中脱氮除磷的主要工艺有哪些？

实验十一　水体中氟化物的测定

一、实验目的

1. 了解水和废水中氟化物测定的意义；
2. 掌握水和废水中氟化物的测定方法——离子选择电极法；
3. 熟悉酸度计和氟电极的使用。

二、实验原理

将氟离子选择电极和参比电极（如甘汞电极）浸入欲测含氟溶液，构成原电池。该原电池的电动势随溶液中氟离子活度变化而变化，遵循能斯特（Nernst）方程，其电动势与氟离子活度的对数呈线性关系。本方法测定氟化物（以 F 计）的浓度范围为 0.05～1900 mg/L。

三、实验器具与试剂

1. 氟离子选择电极、饱和甘汞电极。
2. 酸度计，精确到 0.1 mV。
3. 磁力搅拌器。
4. 聚乙烯杯（100 mL、150 mL）。
5. 氟化物标准贮备液（100 mg/L）：将氟化钠（NaF）于 105～110 ℃烘干 2 h，冷却后称取 0.2210 g 氟化钠，用水溶解后转入 1000 mL 容量瓶中，稀释至标线，摇匀，贮存在聚乙烯瓶中。
6. 氟化物标准使用液（10 mg/L）：取 10 mL 氟化钠标准贮备液于 100 mL 容量瓶中，稀释至标线。
7. 盐酸溶液（2 mol/L）：取 83.3 mL 的 37％浓盐酸，加水稀释至 500 mL。
8. 乙酸钠溶液：称取 15 g 乙酸钠（CH_3COONa）溶于水，并稀释至 100 mL。
9. 总离子强度调节缓冲溶液（TISAB）：称取 58.8 g 二水合柠檬酸钠和 85 g 硝酸钠，加水溶解，用盐酸调节 pH 至 5～6，转入 1000 mL 容量瓶中，稀释至标线，摇匀。

四、实验步骤

1. 用去离子水浸泡氟离子选择电极。

2. 标准曲线绘制：取 5 个 50 mL 容量瓶，分别加入 1.00 mL、3.00 mL、5.00 mL、10.00 mL、20.00 mL 氟化物标准使用液，加入 10 mL 总离子强度调节缓冲溶液，用水稀释至标线，摇匀。分别移入 100 mL 聚乙烯杯中，放入一只塑料搅拌子，按浓度由低到高的顺序，依次插入电极，连续搅拌，读取稳态电位值(E)。在每次测量之前，用水将电极冲洗净，并用滤纸吸去水分。绘制 $E \sim \lg c_{f-}$ 标准曲线。

3. 水样测定：取一定量的水样，置于 50 mL 容量瓶中，用乙酸钠或盐酸溶液调节至中性，加入 10 mL 总离子强度调节缓冲溶液，用水稀释至标线，摇匀。将其移入 100 mL 聚乙烯杯中，放入一只塑料搅拌子，插入电极，连续搅拌溶液。待电位稳定后，读取电位值(E)。

4. 空白试验：用去离子水代替水样，按测定样品的条件和步骤测量电位值，检验去离子水和试剂的纯度，如果测得值不能忽略，应从水样测定结果中减去该值。

五、实验结果与分析

1. 回归曲线模拟：根据标准曲线结果，拟合 E 与 $\lg c_{f-}$ 的线性回归方程，并计算相关系数 R^2。

2. 水样中氟离子浓度计算：将水样 E 代入 E 与 $\lg c_{f-}$ 的线性回归方程，计算出氟离子浓度，再乘以稀释倍数即得出水样中氟离子浓度。

3. 根据水样来源和功能，对照相关标准分析其水质状况。

六、思考题

1. 有哪些行业排出含氟废水？

2. 含氟废水的处理方法有哪些？

3. 生活饮用水中氟离子浓度限制范围是多少？过高或过低有什么危害？

实验十二　水体中硫化物的测定

一、实验目的

1. 了解水和废水中硫化物测定的意义；
2. 掌握水和废水中硫化物的测定方法——分光光度法；
3. 熟悉分光光度计的使用。

二、实验原理

在含高铁离子的酸性溶液中，硫离子与对氨基二甲基苯胺作用，生成亚甲蓝，颜色深度与水中硫离子浓度成正比。本方法硫化物浓度（以 S 计）测定范围为 $0.02\sim0.8$ mg/L。

三、实验器具与试剂

1. 分光光度计。
2. 无二氧化碳水：将蒸馏水煮沸 15 min 后，加盖冷却至室温，实验过程中使用无二氧化碳水。
3. 硫酸铁铵溶液：取 25 g 硫酸高铁铵[$FeNH_4(SO_4)_2 \cdot 12H_2O$]溶解于含有 5 mL 硫酸的水中，加水稀释至 200 mL。
4. 对氨基二甲基苯胺溶液（0.2%）：称取 2 g 对氨基二甲基苯胺盐酸盐溶于 700 mL 水中，缓慢加入 200 mL 硫酸，冷却后，用水稀释至 1000 mL。
5. 硫代硫酸钠标准溶液（0.1 mol/L）：称取 24.8 g 五水合硫代硫酸钠和 0.2 g 无水碳酸钠溶于无二氧化碳水中，转移至 1000 mL 棕色容量瓶内，稀释至标线，摇匀待标定。
6. 碘标准溶液（0.1 mol/L）：称取 12.69 g 碘于 250 mL 烧杯中，加入 40 g 碘化钾，加少量水溶解后，转移至 1000 mL 棕色容量瓶中，用水稀释至标线，摇匀。
7. 硫化钠标准贮备液：取一定量结晶九水合硫化钠置布氏漏斗中，用水淋洗除去表面杂质，用干滤纸吸去水分后，称取 7.5 g 溶于少量水中，转移至 1000 mL 棕色容量瓶中，用水稀释至标线，摇匀待标定。
8. 硫化钠标准使用液（5 mg/L）：吸取一定量刚标定过的硫化钠溶液，用水稀释至每升含 5.0 mg 硫化物（以 S 计），使用时现配。

四、实验步骤

1. 硫代硫酸钠标准溶液标定：取 1 个 250 mL 碘量瓶，加入 1 g 碘化钾及 50 mL 水，加入 15.00 mL 重铬酸钾标准溶液(0.05 mol/L)，加入 5 mL 盐酸(1+1)溶液，密塞混匀，置暗处静置 5 min。用待标定的硫代硫酸钠标准溶液滴定至溶液呈淡黄色时，加入 1 mL 淀粉指示液，继续滴定至蓝色刚好消失，记录硫代硫酸钠标准溶液用量。同时作空白滴定。

2. 硫化钠标准贮备液标定：取 1 支 250 mL 碘量瓶，加入 10 mL 乙酸锌溶液(1 mol/L)，加入 10 mL 标定的硫化钠溶液，加入 20 mL 碘标准溶液(0.1 mol/L)，用水稀释至 60 mL，加入 5 mL 硫酸(1+5)，密塞摇匀，在暗处放置 5 min。用刚标定的硫代硫酸钠标准溶液，滴定至溶液呈淡黄色时，加入 1 mL 淀粉指示液，继续滴定至蓝色刚好消失为止，记录硫代硫酸钠标准溶液用量。同时以 10 mL 水替代硫化钠溶液，作空白滴定。

3. 标准曲线的绘制：取 7 支 50 mL 比色管，分别加入 0 mL、0.50 mL、1.00 mL、2.00 mL、3.00 mL、4.00 mL、5.00 mL 的硫化钠标准使用液，加水至 40 mL，加入 5 mL 对氨基二甲基苯胺溶液，密塞颠倒一次。加入 1 mL 硫酸铁铵溶液，立即密塞，充分摇匀。10 min后，用水稀释至标线，混匀。用 1 cm 比色皿，以水为参比，在 665 nm 处测量吸光度，并作空白校正。

4. 水样测定：取 1 支 50 mL 比色管，加入一定量的水样(模拟水样)，加水至 40 mL。以下操作同标准曲线绘制。

5. 以水代替水样，以下操作同标准曲线绘制，进行空白试验，以此对水样和标准曲线作空白校正。

五、实验结果与分析

1. 硫代硫酸钠标准溶液标定的浓度计算：

$$硫代硫酸钠浓度(mol/L) = \frac{15}{(V_1 - V_2)} \times 0.05 \qquad (12-1)$$

式中：V_1——滴定重铬酸钾标准溶液消耗硫代硫酸钠标准溶液体积(mL)；

V_2——滴定空白溶液消耗硫代硫酸钠标准溶液体积(mL)；

0.05——重铬酸钾标准溶液的浓度(mol/L)。

2. 硫化钠标准贮备液标定的浓度计算：

$$硫化物(mg/mL) = \frac{(V_0 - V_1) \cdot c \times 16.03}{10.00} \qquad (12-2)$$

式中：V_1——滴定硫化钠溶液时，硫代硫酸钠标准溶液用量(mL)；

V_0——空白滴定时，硫代硫酸钠标准溶液用量(mL)；

c——硫代硫酸钠标准溶液的浓度(mol/L)；

16.03——1/2 S^{2-} 的摩尔质量（g/mol）。

3. 回归曲线模拟：根据标准曲线结果，拟合硫化物含量与吸光度的线性回归方程，并计算相关系数 R^2。

4. 水样中硫化物浓度计算：将水样吸光度代入硫化物含量与吸光度的线性回归方程，计算出硫化物含量，再除以水样体积即得出水样中硫化物浓度。

5. 根据水样来源和功能，对照相关标准分析其水质状况。

六、思考题

1. 有哪些行业排出含硫废水？

2. 含硫废水的处理方法有哪些？

3. 在厌氧条件下，硫化物是怎么产生的？

4. 在下水管道中，硫化氢是如何腐蚀管道的？

实验十三　水体中六价铬的测定

一、实验目的

1. 了解水和废水中六价铬测定的意义;
2. 掌握水和废水中六价铬的测定方法——分光光度法;
3. 熟悉分光光度计的使用。

二、实验原理

在酸性溶液中,六价铬离子与二苯碳酰二肼反应,生成紫红色化合物,其最大吸收波长为540 nm,吸光度与浓度符合朗伯比尔定律。本方法六价铬浓度测定范围为0.004～1 mg/L。

三、实验器具与试剂

1. 分光光度计。
2. 比色皿(1 cm)。
3. 50 mL 具塞比色管。
4. 丙酮。
5. 硫酸(1+1):将硫酸($\rho=1.84$ g/mL)缓慢加入同体积水中,混匀。
6. 磷酸(1+1):将磷酸($\rho=1.69$ g/mL)与同体积的水混合。
7. 铬标准贮备液(100 mg/L):称取于120 ℃干燥2 h的重铬酸钾(优级纯)0.2829 g,用水溶解,移入1000 mL容量瓶中,用水稀释至标线,摇匀。
8. 铬标准使用液(1 mg/L):吸取5.00 mL铬标准贮备液于500 mL容量瓶中,用水稀释至标线,摇匀。使用当天配制。
9. 二苯碳酰二肼溶液:称取二苯碳酰二肼(简称$C_{13}H_{14}N_4O$,DPC)0.2 g溶于50 mL丙酮中,加水稀释至100 mL,摇匀,贮于棕色瓶内,置于冰箱中保存。颜色变深后不能再用。

四、实验步骤

1. 标准曲线的绘制:取9支50 mL比色管,分别加入0 mL、0.20 mL、0.50 mL、1.00 mL、2.00 mL、4.00 mL、6.00 mL、8.00 mL和10.00 mL铬标准使用液,用水稀释至

标线,加入 0.5 mL 硫酸(1+1)和 0.5 mL 磷酸(1+1),摇匀。加入 2 mL 显色剂(二苯碳酰二肼溶液),摇匀。10 min 后,于 540 nm 波长处,用 1 cm 比色皿,以水为参比,测定吸光度并作空白校正。绘制六价铬含量与吸光度的标准曲线。

2. 水样的测定:取一定量的水样于 50 mL 比色管中,用水稀释至标线,加入 0.5 mL 硫酸(1+1)和 0.5 mL 磷酸(1+1),摇匀。加入 2 mL 显色剂(二苯碳酰二肼溶液),摇匀。10 min 后,于 540 nm 波长处,用 1 cm 比色皿,以水为参比,测定吸光度并作空白校正。

五、实验结果与分析

1. 回归曲线模拟:根据标准曲线结果,拟合吸光度与六价铬含量的线性回归方程,并计算相关系数 R^2。

2. 水样中六价铬浓度计算:将水样吸光度代入线性回归方程,计算出六价铬含量,再除以水样体积即得出水样中六价铬浓度。

3. 根据水样来源和功能,对照相关标准分析其水质状况。

六、思考题

1. 有哪些行业排出含六价铬废水?

2. 含六价铬废水的处理方法有哪些?

3. 铬的毒性与价态的关系。

实验十四　水体中高锰酸盐指数的测定

一、实验目的

1. 了解水体中高锰酸盐指数测定的意义；
2. 掌握水体中高锰酸盐指数的测定方法——酸性法；
3. 熟悉沸水浴设备的使用。

二、实验原理

水样中加入硫酸呈酸性，加入一定量的高锰酸钾溶液，在沸水浴中加热反应一定时间，剩余的高锰酸钾用草酸钠溶液还原，过量的草酸钠溶液再用高锰酸钾溶液回滴，通过计算求出高锰酸盐指数值。本方法水样中氯离子含量不超过 300 mg/L，高锰酸盐指数不超过10 mg/L。

三、实验器具与试剂

1. 沸水浴加热装置。
2. 50 mL 酸式滴定管。
3. 250 mL 锥形瓶。
4. H_2SO_4 溶液(1＋3)：将硫酸($\rho＝1.84$ g/mL)缓慢加入 3 倍体积水中，混匀后趁热滴加高锰酸钾溶液呈微红色。
5. 草酸钠标准贮备液(1/2 $Na_2C_2O_4$＝0.10000 mol/L)：称取 0.6705 g(经 105～110 ℃烘干 1 h 后冷却)草酸钠溶于去离子水中，于至 100 mL 容量瓶中，用水稀释至标线。
6. 草酸钠标准溶液(1/2 $Na_2C_2O_4$＝0.0100 mol/L)：吸取 10.00mL 上述草酸钠贮备液于 100mL 容量瓶中，加水稀释至标线。
7. 高锰酸钾标准贮备液(1/5$KMnO_4$＝0.1 mol/L)：称取 3.2 g 高锰酸钾溶于 1.2 L 水中，加热煮沸至体积约 1000 mL，在暗处放置过夜，取上清液贮存于棕色瓶中备用。
8. 高锰酸钾标准使用液(1/5$KMnO_4$＝0.01 mol/L)：吸取 100mL 高锰酸钾标准贮备液于 1000 mL 容量瓶中，用水稀释至标线，贮存于棕色瓶中备用。使用当天进行标定。

四、实验步骤

1. 取 100 mL 水样(若高锰酸盐指数高于 10 mg/L,则取少量水样稀释至 100 mL)于 250 mL 锥形瓶中,加入 5 mL 硫酸(1+3)。

2. 加入 10.00 mL 高锰酸钾标准使用液,混匀,放入沸水浴中加热,沸腾开始计时 30 min(沸水浴液面要高于反应溶液的液面)。

3. 取出锥形瓶,立即加入 10.00 mL 草酸钠标准溶液,混匀,溶液变为无色,立即用高锰酸钾标准使用液滴定至刚显微红色,记录高锰酸钾溶液消耗量 V_1。

4. 高锰酸钾溶液浓度的标定:将上述已滴定完毕的溶液加热至约 70 ℃,准确加入 10.00 mL 草酸钠标准溶液,再用高锰酸钾标准使用液滴定至显微红色,记录高锰酸钾溶液消耗量 V,计算高锰酸钾溶液的校正系数 K(为 $10/V$)。

5. 若水样经过稀释,则需要取 100 mL 水,按照水样操作步骤进行空白实验。

五、实验结果与分析

1. 水样不经过稀释高锰酸盐指数的计算:

$$高锰酸盐指数(O_2,mg/L)=\frac{[(10+V_1)K-10]\times M\times 8\times 1000}{100} \tag{14-1}$$

式中: V_1——测定水样,高锰酸钾溶液的消耗量(mL);

K——高锰酸钾溶液的校正系数;

M——草酸钠溶液浓度(mol/L);

8——氧($1/2O$)摩尔质量。

2. 水样经过稀释高锰酸盐指数的计算:

$$高锰酸盐指数(O_2,mg/L)=\frac{\{[(10+V_1)K-10]-[(10+V_0)K-10]\times F\}\times M\times 8\times 1000}{V_2}$$

$$\tag{14-2}$$

式中: V_0——空白实验中高锰酸钾溶液的消耗量(mL);

V_2——取的水样量(mL);

K——高锰酸钾溶液的校正系数;

M——草酸钠溶液浓度(mol/L);

8——氧($1/2O$)摩尔质量;

F——稀释的水样中含水的比值。

六、思考题

1. 高锰酸钾可氧化水体中哪些物质?

2. 在实际污水处理过程中,高锰酸钾有哪些应用场合?

实验十五　水体中化学需氧量的测定

一、实验目的

1. 了解水和废水中化学需氧量测定的意义；
2. 掌握水和废水中化学需氧量的测定方法——重铬酸钾法；
3. 熟悉加热回流装置的搭建和使用。

二、实验原理

在强酸性溶液中,准确加入过量的重铬酸钾标准溶液,加热回流,将水样中还原性物质(主要是有机物)氧化,过量的重铬酸钾以试亚铁灵作指示剂,用硫酸亚铁铵标准溶液回滴,根据所消耗的硫酸亚铁铵的量计算水样化学需氧量。本方法化学需氧量浓度测定范围为 $50\sim700$ mg/L。

三、实验器具与试剂

1. 250 mL 全玻璃回流装置(水样在 30 mL 以上时使用 500 mL 全玻璃回流装置)。
2. 加热装置(电炉)。
3. 50 mL 酸式滴定管。
4. 硫酸-硫酸银溶液:向 500 mL 浓硫酸中加入 5 g 硫酸银,放置 $1\sim2$ d,不时摇动使其溶解。
5. 硫酸汞:结晶或粉末。
6. 重铬酸钾标准溶液(0.2500 mol/L):将优级纯重铬酸钾在 120 ℃烘干 2 h,称取重铬酸钾 12.258 g 溶于水中,移入 1000 mL 容量瓶内,稀释至标线,摇匀。
7. 试亚铁灵指示液:称取 1.485 g 邻菲啰啉($C_{12}H_8N_2 \cdot H_2O$)、0.695 g 硫酸亚铁($FeSO_4 \cdot 7H_2O$)溶于水中,稀释至 100 mL,贮于棕色瓶内。
8. 硫酸亚铁铵标准溶液$\{c[(NH_4)_2Fe(SO_4)_2 \cdot 6H_2O]\approx0.1$ mol/L$\}$:称取 39.5 g 硫酸亚铁铵溶于水中,边搅拌边缓慢加入 20 mL 浓硫酸,冷却后移入 1000 mL 容量瓶中,加水稀释至标线,摇匀。临用前,用重铬酸钾标准溶液标定。

四、实验步骤

1. 硫酸亚铁铵标准溶液标定:准确吸取 10.00 mL 重铬酸钾标准溶液于 500 mL 锥形瓶中,加水稀释至 110 mL 左右,缓慢加入 30 mL 浓硫酸,混匀。冷却后,加入 3 滴试亚铁灵指示液(约 0.15 mL),用硫酸亚铁铵溶液滴定,溶液的颜色由黄色经蓝绿色至红褐色即为终点。

2. 加热回流:取 20.00 mL 混合均匀的水样(或适量水样稀释至 20.00 mL)置于 250 mL磨口的回流锥形瓶中,准确加入 10.00 mL 重铬酸钾标准溶液及数粒小玻璃珠,连接磨口回流冷凝管,从冷凝管上口慢慢地加入 30 mL 硫酸-硫酸银溶液,轻轻摇动锥形瓶使溶液混匀,加热回流 2 h(自开始沸腾时计时)。

(1)废水体积确定:对于化学需氧量高的废水样,可先取上述操作所需体积 1/10 的废水样和试剂于 15 mm×150 mm 硬质玻璃试管中,摇匀,加热后观察是否变成绿色。如溶液显绿色,再适当减少废水取样量,直至溶液不变绿色为止,从而确定废水样分析时应取用的体积。稀释时,所取废水样量不得少于 5 mL。如果化学需氧量很高,则废水样应多次稀释。

(2)消除氯离子干扰:废水中氯离子含量超过 30 mg/L 时,应先把 0.4 g 硫酸汞加入回流锥形瓶中,再加 20.00 mL 废水(或适量废水稀释至 20.00 mL),摇匀。

(3)冷却后,用 90 mL 水冲洗冷凝管壁,取下锥形瓶。溶液总体积不得少于 140 mL,否则因酸度太大,滴定终点不明显。

(4)溶液再度冷却后(用手触摸锥形瓶应没有热感),加 3 滴试亚铁灵指示液,用硫酸亚铁铵标准溶液滴定,溶液的颜色由黄色经蓝绿色至红褐色即为终点,记录硫酸亚铁铵标准溶液的用量。

(5)测定水样的同时,取 20.00 mL 重蒸馏水,按同样操作步骤作空白试验。记录滴定空白时硫酸亚铁铵标准溶液的用量。

五、实验结果与分析

1. 硫酸亚铁铵标准溶液标定浓度计算:

$$硫酸亚铁铵(mol/L) = \frac{0.25 \times 10.00}{V} \tag{15-1}$$

式中:0.25——重铬酸钾标准溶液的浓度(mol/L);

   V——硫酸亚铁铵标准溶液的用量(mL)。

2. 水样中化学需氧量的计算:

$$水样中化学需氧量(以 O_2 计, mg/L) = \frac{(V_0 - V_1) \times c \times 8 \times 1000}{V} \tag{15-2}$$

式中:c——硫酸亚铁铵标准溶液的浓度(mol/L);

V_0——滴定空白时硫酸亚铁铵标准溶液用量(mL);

V_1——滴定水样时硫酸亚铁铵标准溶液的用量(mL);

V——水样的体积(mL);

8——氧(1/2 O)摩尔质量(g/mol)。

3. 根据水样来源和功能,对照相关标准分析其水质状况。

六、思考题

1. 化学需氧量的来源有哪些?
2. 化学需氧量的处理方法有哪些?
3. 化学需氧量与高锰酸盐指数的区别和联系。

实验十六　水体中溶解氧的测定

一、实验目的

1. 了解水和废水中溶解氧测定的意义；

2. 掌握水和废水中溶解氧的测定方法——碘量法；

3. 熟悉溶解氧瓶的使用方法。

二、实验原理

在水样中加入硫酸锰和碱性碘化钾，水中的溶解氧将二价锰氧化成四价锰，并生成氢氧化物棕色沉淀。加酸后，氢氧化物沉淀溶解，四价锰又可氧化碘离子而释放出与溶解氧量相当的游离碘。以淀粉为指示剂，用硫代硫酸钠标准溶液滴定释放出的碘，可计算出溶解氧含量。

三、实验器具与试剂

1. 250 mL 溶解氧瓶。

2. 25 mL 酸式滴定管。

3. 硫酸锰溶液：称取 480 g 硫酸锰（$MnSO_4 \cdot 4H_2O$）溶于水，用水稀释至 1000 mL。此溶液加至酸化过的碘化钾溶液中，遇淀粉不得产生蓝色。

4. 碱性碘化钾：称取 500 g 氢氧化钠，溶解于 300~400 mL 水中；称取 150 g 碘化钾，溶于 200 mL 水中；待氢氧化钠溶液冷却后，将上述两种溶液混合，加水稀释至 1000 mL，贮于棕色瓶中，用橡胶塞塞紧，避光保存；若有沉淀，则放置 24 h，取上清液贮于棕色瓶中，避光保存。此溶液酸化后，遇淀粉不应呈蓝色。如果水样亚硝酸盐浓度高时，可加入叠氮化钠溶液（称取 10 g 叠氮化钠溶于溶液中）。

5. 硫酸（1+5）溶液：将硫酸（$\rho = 1.84$ g/mL）缓慢加入 5 倍体积水中。

6. 1%（m/V）淀粉溶液：称取 1 g 可溶性淀粉，用少量水调成糊状，再用刚煮沸的水稀释至 100 mL。冷却后，加入 0.1 g 水杨酸或 0.4 g 氯化锌防腐。

7. 重铬酸钾标准溶液（0.025 mol/L）：将优级纯重铬酸钾在 120 ℃烘干 2 h，冷却后称取重铬酸钾 1.2258 g 溶于水中，移入 1000 mL 容量瓶内，用水稀释至标线，摇匀。

8. 硫代硫酸钠溶液：称取 6.2 g 硫代硫酸钠（$Na_2S_2O_3 \cdot 5H_2O$）溶于煮沸放冷的水中，

加 0.2 g 碳酸钠，用水稀释至 1000 mL，贮于棕色瓶中。使用前用 0.025 mol/L 重铬酸钾标准溶液标定。

四、实验步骤

1. 硫代硫酸钠溶液标定：取一个 250 mL 碘量瓶，加入 100 mL 水和 1 g 碘化钾，加入 10.00mL 重铬酸钾标准溶液(0.025 mol/L)、5 mL 硫酸(1+5)溶液，密塞摇匀。置于暗处 5 min，用待标定的硫代硫酸钠溶液滴定至淡黄色，加入 1 mL 淀粉溶液，继续滴定至蓝色刚好褪去，记录硫代硫酸钠溶液用量。

2. 溶解氧的固定：取 1 个溶解氧瓶并充满水样，用移液管插入溶解氧瓶的液面下加入 1 mL 硫酸锰溶液，2 mL 碱性碘化钾溶液，盖好瓶塞，颠倒混合数次，静置。一般在取样现场固定。如水样含 Fe^{3+} 在 100 mg/L 以上时干扰测定，需在水样采集后，先用吸液管插入液面下加入 1 mL 40%氟化钾溶液。

3. 打开瓶塞，立即用移液管插入液面下加入 2.0～3.0 mL 硫酸。盖好瓶塞，颠倒混合摇匀，至沉淀物全部溶解，放于暗处静置 5 min。

4. 吸取 100.00 mL 上述溶液于 250 mL 锥形瓶中，用硫代硫酸钠标准溶液滴定至溶液呈淡黄色，加入 1 mL 淀粉溶液，继续滴定至蓝色刚好褪去，记录硫代硫酸钠溶液用量。

五、实验结果与分析

1. 硫代硫酸钠标准溶液标定浓度的计算：

$$硫代硫酸钠浓度(mol/L)=\frac{10.00\times0.025}{V} \tag{16-1}$$

式中：V——滴定时消耗硫代硫酸钠的体积(mL)。

2. 水样中溶解氧含量的计算：

$$溶解氧(以 O_2 计，mg/L)=\frac{c\times V\times8\times1000}{100} \tag{16-2}$$

式中：c——硫代硫酸钠浓度(mol/L)；

V——滴定时消耗硫代硫酸钠的体积(mL)。

8——氧(1/2 O)摩尔质量(g/mol)。

3. 根据水样来源和功能，对照相关标准分析其水质状况。

六、思考题

1. 水体中溶解氧含量的影响因素有哪些？

2. 水体中饱和溶解氧含量与温度有什么关系？

3. 污水生物处理中，厌氧、缺氧和好氧环境的功能是什么？

实验十七 水体中五日生化需氧量的测定

一、实验目的

1. 了解水和废水中五日生化需氧量测定的意义；

2. 掌握水和废水中五日生化需氧量测定方法——稀释接种法；

3. 熟悉稀释水、接种液的配制。

二、实验原理

水样经稀释后，在(20 ± 1)℃条件下培养 5 天，求出培养前后水样中溶解氧含量，二者的差值为五日生化需氧量。如过水样五日生化需氧量未超过 7 mg/L，则不必进行稀释，可直接测定。本方法五日生化需氧量测定范围为 2 mg/L 及以上（不超过 6000 mg/L）。

三、实验器具与试剂

1. 恒温培养箱(20 ± 1)℃，其他与溶解氧测定相同。

2. 磷酸盐缓冲溶液：将 8.5 g 磷酸二氢钾（KH_2PO_4）、21.75 g 磷酸氢二钾（K_2HPO_4）、33.4 g 磷酸氢二钠（$Na_2HPO_4 \cdot 7H_2O$）和 1.7 g 氯化铵（NH_4Cl）溶于水中，稀释至1000 mL。此溶液的 pH 应为 7.2。

3. 硫酸镁溶液：将 22.5 g 硫酸镁（$MgSO_4 \cdot 7H_2O$）溶于水中，稀释至 1000 mL。

4. 氯化钙溶液：将 27.5 g 无水氯化钙溶于水，稀释至 1000 mL。

5. 氯化铁溶液：将 0.25 g 氯化铁（$FeCl_3 \cdot 6H_2O$）溶于水，稀释至 1000 mL。

6. 盐酸溶液（0.5 mol/L）：将 40 mL（$\rho=1.18$ g/mL）盐酸溶于水，稀释至 1000 mL。

7. 氢氧化钠溶液（0.5 mol/L）：将 20 g 氢氧化钠溶于水，稀释至 1000 mL。

8. 亚硫酸钠溶液（0.025 mol/L）：将 1.575 g 亚硫酸钠溶于水，稀释至 1000 mL。此溶液不稳定，使用时配制。

9. 葡萄糖-谷氨酸标准溶液：将葡萄糖（$C_6H_{12}O_6$）和谷氨酸（$HOOC—CH_2—CH_2—CHNH_2—COOH$）在 103 ℃干燥 1 h 后，各称取 150 mg 溶于水中，移入 1000 mL 容量瓶内，加水稀释至标线，混合均匀。此标准溶液使用时配制。

四、实验步骤

1. 稀释水配制(pH 值为 7.2,BOD_5 小于 0.2 mg/L):在 10 L 玻璃瓶内装入一定量的水,曝气 2~8 h,使水中的溶解氧接近于饱和,置于 20 ℃培养箱中放置数小时,使水中溶解氧含量达 8 mg/L 左右。使用前于每升水中加入氯化钙溶液、氯化铁溶液、硫酸镁溶液、磷酸盐缓冲溶液各 1 mL,并混合均匀。

2. 接种液配制:

(1)采用生活污水,在室温下放置一昼夜,取上清液。

(2)采用 100 g 植物生长土壤,加入 1 L 水,混合并静置 10 min,取上清液。

(3)用含城市污水的河水或湖水、污水处理厂的出水。

(4)当分析含有难于降解物质的废水时,在排污口下游 3~8 km 处取水样作为废水的驯化接种液。如无此种水源,可取中和或经适当稀释后的废水进行连续曝气,每天加入少量该种废水,同时加入适量表层土壤或生活污水,使能适应该种废水的微生物大量繁殖。当水中出现大量絮状物,或检查其化学需氧量的降低值出现突变时,表明适用的微生物已进行繁殖,可用作接种液。一般驯化过程需要 3~8 d。

3. 接种稀释水配制(pH 值为 7.2,BOD_5 值 0.3~1.0 mg/L):取适量接种液(每升稀释水中接种液加入量为:生活污水 1~10 mL;土壤浸出液为 20~30 mL;河、湖水为 10~100 mL),加于稀释水中,混匀。接种稀释水配制后应立即使用。

4. 水样测定(不经过稀释):对有机物含量较少的地表水,可不经稀释。取两个溶解氧瓶装入水样,一个溶解氧瓶立即测定溶解氧,另一个溶解氧瓶放入培养箱中,在(20±1)℃培养 5 d 后。测其溶解氧。

5. 水样测定(需要稀释):工业废水或受有机物污染的地表水,需要稀释培养后再测定溶解氧。稀释程度确保所消耗的溶解氧大于 2 mg/L,且剩余溶解氧在 1 mg/L。

(1)地表水稀释倍数确定:先测定高锰酸盐指数(COD_{Mn}),再乘以系数(COD_{Mn} 为 5~10、10~20、大于 20,其系数分别为 0.25、0.5、0.5~1.0),则求得稀释倍数。

(2)工业废水稀释倍数确定:先测定化学需氧量(COD_{Cr}),再乘以系数 0.075、0.15、0.225(若使用接种稀释水时,则分别乘以 0.075、0.15 和 0.25),则求得稀释倍数。

(3)水样测定:根据稀释倍数,取一定量得稀释水和待测水样于 1000 mL 量筒中。取两个溶解氧瓶装入水样,一个溶解氧瓶立即测定溶解氧,另一个溶解氧瓶放入培养箱中,在(20±1)℃培养 5 d 后,测其溶解氧。

五、实验结果与分析

1. 不经过稀释五日生化需氧量计算:两次溶解氧测定值的差。

2. 经过稀释五日生化需氧量计算:

$$五日生化需氧量(以~O_2~计,mg/L)=\frac{(c_1-c_2)-(B_1-B_2)f_1}{f_2} \tag{17-1}$$

式中: c_1——水样在培养溶解氧的浓度(mg/L);

$\quad c_2$——水样经过 5 d 培养后,剩余溶解氧的浓度(mg/L);

$\quad B_1$——稀释水(或接种稀释水)在培养前的溶解氧浓度(mg/L);

$\quad B_2$——稀释水(或接种稀释水)在培养后的溶解氧浓度(mg/L);

$\quad f_1$——稀释水(或接种稀释水)在培养液中所占比例;

$\quad f_2$——水样在培养液中所占比例。

3. 根据水样来源和功能,对照相关标准进行分析其水质状况。

六、思考题

1. 生化需氧量与化学需氧量的区别和联系。

2. 五日生化需氧量与总生化需氧量的关系。

3. 污水的可生化性是如何判断的?

实验十八　水体中叶绿素 a 的测定

一、实验目的

1. 了解水体中叶绿素 a 测定的意义；

2. 掌握水体中叶绿素 a 的测定方法——稀释接种法；

3. 熟悉分光光度计、离心机等的使用。

二、实验原理

以有机溶剂直接提取浮游生物浓缩样品中的叶绿色，测定其吸光度，根据叶绿色 a 在特定波长的吸收，用公式计算其含量。

三、实验器具与试剂

1. 分光光度计。

2. 1 cm 比色皿。

3. 离心机。

4. 真空泵。

5. 抽滤器及 0.45 μm 滤膜。

6. 组织研磨器。

7. 碳酸镁粉末。

8. 丙酮(90%)：取 90mL 的丙酮、10mL 的水，混匀。

四、实验步骤

1. 取一定量的水样倒入抽滤器进行抽滤(负压约为 50 kPa)，水样抽滤完后，继续抽 1～2 min(减少滤膜上的水分)。放入普通冰箱冷冻可保存 1～2 d，放入低温冰箱(−20 ℃)可保存 30 d。

2. 取出滤膜(截留浮游植物)，在冰箱中低温干燥 6～8 h 后放入组织研磨器中，加入少量碳酸镁粉末，加入 2～3 mL 90% 丙酮，充分研磨，提取叶绿色 a。用离心机(3000～4000 r/min)离心 10 min，将上清液倒入 10 mL 容量瓶中。

3. 加 2～3 mL 90％的丙酮,继续研磨提取,用离心机(3000～4000 r/min)离心 10 min, 并将上清液再转入容量瓶中。重复 1～2 次,用 90％的丙酮稀释至标线,摇匀。

4. 用 1 cm 的比色皿,分别读取波长为 750 nm、663 nm、645 nm、630 nm 下上清液的吸光度,用 90％的丙酮做空白吸光度测定,对样品吸光度进行校正。

五、实验结果与分析

1. 叶绿色 a 含量计算:

$$叶绿色\ a(mg/m^3) = \frac{(11.64 \times (D_{663} - D_{750}) - 2.16 \times (D_{645} - D_{750}) + 0.1 \times (D_{630} - D_{750})) \times V_1}{V \times \delta}$$

$$(18-1)$$

式中:V——水样体积(L);

D——吸光度;

V_1——提取液定容后的体积(mL);

δ——比色皿光程(cm)。

2. 根据水样来源和功能,对照相关标准进行分析其水质状况。

六、思考题

1. 湖泊、水库等缓流水体富营养化的指标有哪些?

2. 叶绿色 a 与水体富营养化的关系。

3. 当水体中浮游植物过多,对水体有哪些危害?处理的方法有哪些?

实验十九　某河流水质监测综合性实验

一、实验目的

1. 了解水环境监测方案的制订内容；
2. 掌握采样点布设、水样采集和运输保存等知识；
3. 熟悉相关监测项目的测定和评价。

二、主要内容

1. 调查河流沿岸城市分布、工业布局、污染源及排污情况。
2. 调查水体环境用途。
3. 确定监测项目。
4. 设置水质监测断面和采样点。
5. 确定采样时间和采样频率。
6. 确定采样、运输和保存方法。
7. 选择水质指标测定方法。

三、实验结果与分析

1. 测定结果计算与统计分析。
2. 结合水环境功能进行现状评价。

四、思考题

1. 根据水质监测结果，提出河流污染治理措施。
2. 撰写此次综合性实验心得体会。

实验二十　某污水处理厂水质监测综合性实验

一、实验目的

1. 了解污水处理厂常见的工艺和运行过程；
2. 掌握污水处理厂主要监测指标和测定方法；
3. 熟悉《城镇污水处理厂污染物排放标准》。

二、实验内容

1. 调查污水处理厂的工艺及其特点。
2. 调查污水处理厂工艺运行过程。
3. 调查污水处理厂进水来源。
4. 确定污水水质监测指标。
5. 测定污水处理厂进水水质。
6. 测定污水处理工艺各构筑物出水水质。

三、实验结果与分析

1. 测定结果计算与统计分析。
2. 对照排放标准，评价污水处理厂工艺效能。

四、思考题

1. 根据水质监测结果，提出工艺效能提升措施。
2. 撰写此次综合性实验心得体会。

附录一　水环境监测的基本术语

1. 瞬时水样:指从水中不连续地随机(就时间和断面而言)采集的单一样品,一般在定的时间和地点随机采取。对于成分较稳定的水体,或水体的成分在相当长的时间和相当大的空间范围变化不大,这时采集的瞬时样品很具有代表性。当水体的组成随时间发生变化,则要在适当时间间隔内进行瞬时采样,分别进行分析,测出水质的变化程度、频率和周期。当水体的成分发生空间变化时,就要在各个相应的部位采样。

2. 等比例混合水样:指在某一时段内,在同一采样点位所采水样量随时间或流量成比例的混合水样。

3. 等时混合水样:指在某一时段内,在同一采样点(断面)按等时间间隔所采等体积水样的混合水样。时间混合样在观察平均浓度时非常有用。

4. 综合水样:指从不同采样点同时采集的各个瞬时水样混合起来得到的样品。综合水样在各点的采样时间虽然不能同步进行,但越接近越好,以便得到可以对比的资料。综合水样是获得平均浓度的重要方式,有时需要把代表断面上的几个点,或几个污水排放口的污水按相对比例流量混合,取其平均浓度。

5. 代表性:指在具有代表性的时间、地点,并按规定的采样要求采集有效样品。使监测数据能真实代表污染物存在的状态和水质状况。

6. 准确度:指测得值与真值(正确的标准)之间的符合程度。用相对误差或绝对误差表示,通常用标准样品分析、回收率测定、不同方法的比较等手段评价准确度。

7. 精密度:指对某个指标多次测定时,各个测定值之间的离散程度,即有无良好的重复性和再现性。用极差、平均偏差和相对平均偏差、标准偏差和相对标准偏差表示。

8. 平行性:同一实验室,分析人员、分析方法均相同,对同一样品进行的多个平行样品之间的相对标准偏差。

9. 重复性:同一实验室,分析人员用相同的分析方法在短时间内对同一样品重复测定结果之间的相对标准偏差。

10. 再现性:不同实验室的不同分析人员用相同分析对同一被测对象测定结果之间的相对标准偏差。

11. 可比性:用不同测定方法测量同一水样的某个指标,所得出结果的吻合程度。

12. 完整性：强调工作总体规划的切实完成，即保证按预期计划取得有系统性和连续性的有效样品，而无缺漏地获得这些样品的监测结果及有关信息。只有达到这"五性"质量指标的监测结果，才是真正正确可靠的，也才能在使用中具有权威性和法律性。

13. 灵敏度：指某方法对单位浓度或单位量待测物质变化所致的响应量变化程度，它可以用仪器的响应量或其他指示量与对应的待测物质的浓度或量之比来描述。

14. 检出限：是指一个给定的分析方法在特定条件下能以合理的置信水平检出待测物质的最小浓度或最小量，它是表征分析方法的最主要的参数之一。

15. 测定上限：在测定误差能满足预定要求的前提下，用特定方法能够准确地定量测量待测物质的最大浓度或最大量。

16. 测定下限：在测定误差能满足预定要求的前提下，用特定方法能够准确地定量测量待测物质的最小浓度或最小量。

17. 最佳测定范围：在测定误差能满足预定要求的前提下，特定方法的测定下限至测定上限之间的浓度范围。

18. 校准曲线：用于描述待测物质的浓度或量与相应的测量仪器的响应量或其他指示量之间的定量关系曲线。

19. 标准曲线：绘制校准曲线的标准溶液的分析步骤与样品分析步骤相比有所省略（如省略样品的前处理）。

20. 工作曲线：绘制校准曲线的标准溶液的分析步骤与样品分析步骤完全相同。

21. 加标回收率：在测定样品时，加入一定量的标准物质进行测定，将其测定结果减去样品的测定值，计算其回收率。

22. 采样断面：指在河流采样中，实施水样采集的整个剖面。

23. 背景断面：指为评价一完整水系的污染程度，不受人类生活和生产活动影响，可提供水环境背景值的断面。

24. 对照断面：指具体判断某一区域水环境污染程度时，位于该区域所有污染源上游处，提供这一水系区域本底值的断面。

25. 控制断面：指为了解水环境受污染程度及其变化情况的断面，即受纳某区域的全部工业和生活污水后的断面。

26. 消减断面：指工业污水或生活污水在水体内流经一定距离而达到最大程度混合，污染物被稀释、降解。

27. 实验室一级纯水：不含有溶解杂质或胶态质有机物，可用二级纯水通过再蒸馏、离子交换混合床等方法制得，常用于制备标准水样、超痕量物质分析等。

28. 实验室二级纯水：常含有微量得无机、有机或胶态杂质，可用蒸馏、电渗析、离子交换等方法制得的水进行再蒸馏方法制得，常用于精确分析和研究工作。

29. 实验室三级纯水：采用饮用水或比较干净的水经过蒸馏、电渗析、离子交换等方法制得,常用于一般实验工作。

　　30. 去离子水:原水经过离子交换树脂后所制得的水。离子交换能去除大部分盐类、碱和游离酸,但不能完全去除有机物和非电解质。若需要既无电解质又无微生物等杂质的纯水,则需要将离子交换水再进行蒸馏一次。

附录二　水环境监测实验习题

1. 天然水中的 pH 值在_____范围内。

2. 水的表色和真色如何区别？

3. 铂钴标准比色法和稀释倍数法各适应什么样的水样色度测定？

4. 水的色度的 1 度是如何定义的？

5. 水样的色度目视比色测定时，目光应从管口_____观察。

6. 用 0.45 μm 滤膜过滤水样，经 103～105 ℃烘干后得到是_____。

7. 将水样在恒重的蒸发皿中于水浴上蒸干，经 103～105 ℃烘干，增加的重量是_____。

8.《城镇污水处理厂污染物排放标准》中悬浮固体的一级 A 的浓度限值是_____。

9. 水质的外观指标有哪些？

10. 在什么样的情况下测定水样的浊度？在什么样的情况下测定水样的悬浮物？

11. 水的浊度的 1 度是如何定义的？

12. 水中的残渣可分为_____、_____和_____三种。

13. 酸碱指示剂滴定法测定水样酸度时，酚酞作指示剂变色 pH 值为_____，甲基橙作指示剂变色 pH 值为_____。

14. 天然水中的碱度主要是由_____、_____和_____引起的，其中_____是水中碱度的主要形式。

15. 什么是酚酞碱度、甲基橙碱度和总碱度？

16. pH 值与酸度和碱度的区别和联系？

17. 水和废水中的氮有哪几种形式？

18.《城镇污水处理厂污染物排放标准》中氨氮的一级 A 的浓度限值是_____。

19. 纳氏试剂是由_____和_____的强碱溶液组成。

20. 湖泊、水库中含有超标的_____和_____时，可能会造成浮游植物繁殖旺盛，出现富营养化状态。

21.《城镇污水处理厂污染物排放标准》中总磷的一级 A 的浓度限值是_____。

22. 凯氏氮主要包括_____和_____。

23. 硫酸盐或含硫有机物在_____条件下，在微生物的作用下产生含硫化合物。

24. 饮用水中含氟(以 F 计)的适宜浓度为_____。长期饮用含氟高于 1.5 mg/L 的水时易患_____,饮用含氟高于 4 mg/L 的水时则可导致_____。

25. 铬的化合物常见价态有_____和_____。对鱼类来说,_____价铬化合物的毒性比_____价铬大。

26. 一般来说,测定化学需氧量时,重铬酸钾法的氧化率可达_____,高锰酸钾法的氧化率为_____左右。

27. 采用重铬酸钾法测定化学需氧量时,加入硫酸汞的作用是_____,加入硫酸银的作用是_____,加入沸石的作用是_____。

28.《城镇污水处理厂污染物排放标准》中 COD 的一级 A 的浓度限值是_____。

29. COD、BOD、TOC 和 TOD 的大小顺序。

30. 有机物在微生物作用下,好氧分解大体分为两个阶段:第一阶段为_____,第二阶段为_____,五日生化需氧量包括_____阶段。

31. 测定五日生化需氧量时,什么样的情况需要进行稀释?什么样的情况需要加入接种液?

32. 测定五日生化需氧量时,其稀释程度应使培养中所消耗的溶解氧大于_____,而剩余溶解氧在_____以上。

33.《城镇污水处理厂污染物排放标准》中 BOD_5 的一级 A 的浓度限值是_____。

34.《地表水环境质量标准》中Ⅲ类水质,溶解氧的浓度限值是_____,化学需氧量的浓度限值是_____,BOD_5 的浓度限值是_____,氨氮的浓度限值是_____。

35.《地表水环境质量标准》中Ⅲ类水质,湖泊、水库总磷的浓度限值是_____,其他水体总磷的浓度限值是_____。

36. 溶解氧的固定,需加入_____和_____。

37. 水中的溶解氧低于_____时,许多鱼类出现呼吸困难。

38. 大气压力下降、水温升高、含盐量增加,都会导致溶解氧含量_____。

39. 当水中藻类繁生,叶绿素 α 浓度增大时,会导致_____光反射减弱和_____光反射增强。

40. 藻类的分子式近似为_____。

41. 监测数据的五性包括哪些?

42. 校准曲线包括_____和_____。标准溶液系列不经过水样的预处理过程直接测量称为_____,标准溶液系列与水样经过相同的预处理过程称为_____。

43. 水样采集后冷藏或冷冻的作用是什么?

44. 测定氨氮和化学需氧量时,加入氯化汞的作用是_____。

45. 测定硫化物时,加入抗坏血酸的作用是_____。

46. 如果测定可滤(溶解)态组分含量,水样可经过_____微孔滤膜过滤,去除藻类和细菌,提高水样稳定性,有利于保存。

47. 测定含有机物水样中的无机元素时,需要对水样进行消解,消解的作用是什么?

48. 对于较清洁的水样可用_____消解,对于含难氧化有机物水样可用_____消解。

49. 水样中欲测组分含量低于测定方法的测定下限时,应进行_____或_____。

50. 环境监测的过程主要包括哪些?

图书在版编目(CIP)数据

水环境监测实验/邹海明主编 . —合肥:合肥工业大学出版社,2023.6
ISBN 978 - 7 - 5650 - 6345 - 9

Ⅰ.①水… Ⅱ.①邹… Ⅲ.①水环境—环境监测—实验 Ⅳ.①X832 - 33

中国国家版本馆 CIP 数据核字(2023)第 096373 号

水环境监测实验

邹海明 主编　　　　　　　　　责任编辑　张择瑞

出　版	合肥工业大学出版社	版　次	2023 年 6 月第 1 版
地　址	合肥市屯溪路 193 号	印　次	2023 年 6 月第 1 次印刷
邮　编	230009	开　本	787 毫米×1092 毫米　1/16
电　话	理工图书出版中心:0551 - 62903204	印　张	3.5
	营销与储运管理中心:0551 - 62903198	字　数	72 千字
网　址	press. hfut. edu. cn	印　刷	安徽联众印刷有限公司
E-mail	hfutpress@163. com	发　行	全国新华书店

ISBN 978 - 7 - 5650 - 6345 - 9　　　　　　　　　定价: 20.00 元